Daniel Loos

Entwicklung eines Sensorsystems zur Ermittlung der Bestrahlungsstärke

GRIN Verlag

Bibliografische Information der Deutschen Nationalbibliothek:

Die Deutsche Bibliothek verzeichnet diese Publikation in der Deutschen National-
bibliografie; detaillierte bibliografische Daten sind im Internet über http://dnb.d-
nb.de/ abrufbar.

Impressum:

Copyright © 2011 GRIN Verlag GmbH
Druck und Bindung: Books on Demand GmbH, Norderstedt Germany
ISBN: 978-3-656-16376-3

Dieses Buch bei GRIN:

http://www.grin.com/de/e-book/190460/entwicklung-eines-sensorsystems-zur-
ermittlung-der-bestrahlungsstaerke

Gymnasium Soltau

Daniel Loos

Entwicklung eines Sensorsystems zur Ermittlung der Bestrahlungsstärke

---

Regionalsieger Jugend forscht Celle 2012 (Technik)
ZfP Sonderpreis 2012 der DGfZP
Benotung der Facharbeit: 15 KMK-Punkte

Inhalt

Abstract

Um das Potential der erneuerbaren Energiequelle Sonne besser einschätzen zu können, wird ein Messgerät zur kalorimetrischen Erfassung der Bestrahlungsstärke I_{gl} entwickelt. Die durch den Seebeck-Effekt hervorgerufene Thermospannung U_α ist hierbei proportional zur thermischen Leistung. Das Sensorsystem besteht aus einem Peltierelement als Sensor, sowie elektrische Schaltungen zur Verarbeitung und Steuerung. Hierbei wird die eine Seite des Peltierelements auf konstanter Temperatur gehalten, während die andere Seite mit der zu messenden Starhlungsquelle bestrahlt wird. Nach dem heutigen Entwicklungsstand ist eine Toleranz von etwa ± 30 W/m^2 zu erwarten.

1. Fragestellung und Zielsetzung

In einer sich ständig entwickelnden Welt ist die Energieversorgung eine der wichtigsten Herausforderungen in der Zukunft. Da die heutige Energieversorgung größtenteils auf fossile Quellen zurückgreift ist es unabdingbar, möglichst schnell auf erneuerbare Ressourcen umzusteigen. Die momentan noch weit verbreite Technik, Exergie mit Hilfe der Kernspaltung zu erzeugen, gerät zudem noch wegen ihrer Sicherheitsrisiken in starker Kritik. Aus diesem Grund genießt die Sonnenenergie großes öffentliches Interesse [1]. Im Gegensatz zu anderen erneuerbaren Energiequellen hat die Sonnenenergie den Vorteil, dass die Solarkraftwerke weitestgehend vom Standort unabhängig sind. So sind geographische Faktoren wie zum Beispiel das Relief nicht bei der Standortwahl stark hinderlich. Trotzdem ist der Energieertrag oft unterschiedlich. So hängt die Effizienz eines Solarkraftwerkes von vielen geophysikalischen Faktoren ab.

Das Ziel dieser Facharbeit ist es, das Potential der Energieressource Sonne besser einschätzen zu können. Hierzu wird ein Sensorsystem entwickelt, welches die globale Bestrahlungsstärke I_{gl} der Sonne misst. Diese physikalische Größe gibt dabei die thermische Leistung der Sonne pro Flächeneinheit an [1].

Zuerst wird hierbei die Notwendigkeit der Messung der Bestrahlungsstärke I_{gl} genauer erläutert. Anschließend wird ein physikalisches Konzept entwickelt, mit dessen Hilfe ein Sensorelement konstruiert werden kann. Ferner wird eine Schaltung entwickelt, um die vom Sensorelement erzeugte Spannung zu verstärken und anschließend auslesen zu können. Schließlich wird das Sensorsystem hinsichtlich seiner Genauigkeit reflektiert. Außerdem werden in dieser Arbeit Vorschläge zur Verbesserung des Sensorsystems genannt werden.

Der Schwerpunkt dieser Arbeit liegt in der Begründung der Konstruktion des Sensorsystems. Hierbei sollen etwaige Vor und Nachteile abgewogen werden, sodass ein möglichst genaues Sensorsystem konstruiert werden kann. Dieser Aspekt ist elementar notwendig, wenn man eine quantitative Aussage über die aktuelle Insolation der Sonne treffen möchte.

2. Notwendigkeit der Messung

Der Menschheit stehen momentan viele Möglichkeiten in der Exergiegewinnung zur Verfügung. Besonders im Bereich der erneuerbaren Energien existiert ein großes Spektrum an solchen Technologien. Aus diesem Grund ist es sinnvoll zu wissen, wo welche Technik am effizientesten einzusetzen ist. Besonders bei der Stromgewinnung ermöglicht das in Europa breit ausgebaute Stromnetz eine strategische Standortwahl. So müssen die in Frage kommenden

Standorte für Solaranlagen hinsichtlich ihrer Eignung zur Exergiegewinnung beurteilt werden, um eine optimale Effizienz zu erreichen.

Diese Notwendigkeit der Messung ist unter anderem darin begründet, dass die thermische Leistung der Sonne von Ort zu Ort variieren kann. Die Insolation der Sonne auf die Erde variiert nämlich aufgrund geophysikalischer Prozesse nicht nur im Verlaufe der Jahreszeiten.

Am äußeren Rand der Atmosphäre ist die extraterrestrische Bestrahlungsstärke sehr konstant. Sie liegt hierbei bei etwa 1360 W/m^2 im jährlichen Mittel und schwankt im Verlaufe des Jahres aufgrund des unterschiedlichen Abstandes zur Sonne um etwa 7% [6]. Die Tatsache, dass man auf der Erdoberfläche lediglich einige hundert W/m^2 messen kann, liegt in der Beschaffenheit der Atmosphäre begründet. Dabei werden die einfallenden Sonnenstrahlen auf vielfältigste Art und Weise von selbiger gebrochen, absorbiert und teilweise reflektiert [6]. Diese Beeinflussung ist abhängig von der aktuellen Zusammensetzung der Atmosphäre. So absorbieren bestimmte Moleküle elektromagnetische Strahlung in einem bestimmten Wellenlängenbereich unterschiedlich stark [6]. Daraus resultieren so genannte Absorptionsbanden und Absorptionsfenster im Spektrum der Sonnenstrahlung auf der Erdoberfläche [20].

Da diese Absorptionen nicht unerheblich sind und sich die Zusammensetzung der Atmosphäre aufgrund von Wetteränderungen sich ständig ändert, kann man keinen konstanten Wert der Insolation auf der Erdoberfläche erwarten. Somit ist eine mindestens einem Jahr umfassende Messung durchzuführen, um die Tauglichkeit des Standortes für Solaranlagen quantitativ untersuchen zu können. Dadurch werden sich jährlich wiederholende Wetterereignisse erfasst; es entsteht ein Jahresdurchschnittswert, welcher repräsentativer ist, als zum Beispiel die Angabe eines Maximums.

Die einfachste Methode zu einer solchen Messung wäre das Ermitteln der Durchschnittstemperatur. Diese Werte kann man zwar als Anhaltspunkt nehmen, allerdings können sie etwas schwanken, da die Temperatur teilchenabhänig ist. Sie beschreibt die durchschnittliche kinetische Energie der einzelnen Teilchen. Und selbige können ihren Aufenthaltsort sehr schnell infolge von Wind oder Ähnlichem ändern. So ist die Temperatur in maritimen Gebieten deutlich milder, obwohl I_{gl} das nicht ist. Diese örtliche Unschärfe verfälscht das Ergebnis. So ist es empfehlenswert, I_{gl} direkt zu messen.

Eine weitere Möglichkeit ist die photometrische Erfassung der Insolation, bei dem die an einer Photodiode abfallende elektrische Leistung proportional zur einfallenden Strahlung ist. Doch auch dieses empfindliche und schnelle Sensorsystem hat einen Nachteil: Es erfasst die Strahlung nicht in ihrem ganzen Spektrum, sondern registriert nur bestimmte Wellenlängenbereiche signifikant [10].

Ziel der Messung ist es aber, die gesamte Leistung der Insolation zu ermitteln. Somit wird die Messung bei dem zu entwickelnden Sensor kalorimetrisch erfolgen. Dazu wird das Licht mit Hilfe eines Absorbers in Wärme umgewandelt und anschließend den daraus entstehenden Wärmestrom erfasst.

3. Physikalischer Ansatz

An dieser Stelle wird ein physikalisches Konzept entwickelt, mit dessen Hilfe man ein solches Sensorsystem konstruieren kann. Es werden physikalische Effekte erläutert, welche mit der Insolation unmittelbar im Zusammenhang stehen.

Im Folgenden wird ein homogener, elektrisch leitender Festkörper betrachtet. Ist die Temperatur bei einem Ende des Leiters anderes als die Temperatur des anderen Endes, so entsteht zwischen den beiden Enden des Leiters ein Wärmestrom entlang des Temperaturgefälles nach dem zweiten Hauptsatz der Thermodynamik vom Wärmeren zum kälteren Ort [5]. Aufgrund dieses Phänomens wird eine Thermospannung U_α erzeugt. Diesen Effekt nennt man Seebeck-Effekt, die Ursache dafür ist die Thermodiffusion [9]. Hierbei diffundieren die freien Ladungsträger (meist Elektronen) entlang des Wärmestroms zu dem kälteren Ort. Nach einiger Zeit befindet sich so ein Ladungsträgerüberschuss in den Bereichen mit der geringeren thermischen Energie; es entsteht ein thermoelektrisches Feld E_{th} zwischen den beiden Orten [9]. Im Gegenzug bildet sich aber auch aufgrund der unterschiedlich verteilten Elektronen ein elektrisches Feld E_{el} mit einer elektrischen Feldkraft $\vec{F_E}$ in entgegengesetzter Richtung. Da beide Kräfte dieselben Teilchen beeinflussen, entsteht anschließend ein Kräftegleichgewicht zwischen den beiden Kräften [9]. So kann man den Wärmestrom bestimmen, indem man das elektrische Feld E_{el} misst: $|E_{th}| = |E_{el}| = U_\alpha/d$, wobei d der Abstand zwischen den beiden Orten ist, zwischen denen das Temperaturgefälle herrscht. Die Proportionalität lässt sich nun nutzen, um durch das Messen von U_α Rückschlüsse auf die Temperaturdifferenz zwischen den beiden Orten ziehen zu können. So ist auch U_α definiert: Sie ist als die elektrische Spannung im offenem Schaltkreis pro Kelvin Temperaturdifferenz definiert; ihre Einheit ist V/K [8].

Um so die thermische Strahlung der Insolation messen zu können, muss diese in einem Absorber aufgenommen werden. Die Temperatur des Absorbers erhöht sich während einer stärkeren Insolation, welches ein Ansteigen von U_α im Material unter dem Absorber nach sich zieht. Im Idealfall ist der Absorber ein Schwarzer Körper. Schwarze Körper haben die Eigenschaft, die gesamte Strahlungsenergie unabhängig von der Wellenlänge der Strahlung aufzunehmen. Gleichzeitig wird die gesamte thermische Strahlung emittiert und dem elektrisch leitenden Körper übergeben [2]. Die Wärmekapizität und der Aggregatzustand des Absorbers sind immer konstant. Daher kann man die Wärmeenergie Q der Insolation während eines Zeitraumes durch folgende Formel errechnen: $Q = mc * \Delta T$ [3]. Somit ist die Wärmeenergie der Insolation proportional zu U_α, da sich lediglich die Temperatur ändert.

Um nun rückwirkend von der gemessenen Seebeckspannung auf die Wärmeenergie der Insolation schließen zu können, bedarf es einer Kalibrierung. Hierbei wird eine künstliche Insolation erzeugt. Die Leistung dieser Wärmestrahlung ist bekannt; daraus kann der Proportionalitätsfaktor η des Sensorpeltierelementes ermittelt werden. Als Kalibrierungselement dienen in Reihe geschaltete SMD-Widerstände. Aufgrund ihres quaderförmigen Aufbaus wird die Auflagefläche zum Sensorelement erhöht. Dadurch wird sichergestellt, dass möglichst die gesamte Wärmestrahlung den Sensor erreicht.

Das Kalibrierungselement funktioniert nach dem Prinzip des Ohmschen Widerstandes. Es besagt unter anderem, dass die von einem Widerstand ausgehende Strahlungsleistung der elektrischen Leistung, die beim Heizwiderstand abfällt, entspricht. Es gilt: $P_{el} = \dot{Q} = U_{Heiz}^2/R$. Mit Hilfe dieses Prinzips lässt sich der Proportionalitätsfaktor η ermitteln [10]. Somit ist gewährleistet, dass man den Wärmestrom lediglich durch Messen von U_α ermitteln kann. Auf dieser Grundlage wird nun das Sensorsystem entwickelt.

4. Auswahl des Sensorelements

Als Sensorelement kommt grundsätzlich jedes elektrische leitende Material in Frage. Um nun hier eine Auswahl treffen zu können, werden im Folgenden einige Ansprüche an das Material gestellt und anschließend geeignete Materialien ausgewählt.

4.1 Kriterien zur Auswahl

Zum einen ist eine möglichst homogene Struktur von Nöten. Je homogener ein Stoff ist, desto besser lässt er sich physikalisch beschreiben. Dabei kommt es vor allem darauf an, dass sich im Sensormaterial möglichst wenige Verunreinigungen befinden, welche das Messergebnis verfälschen könnten. Treffen so Ladungsträger während der Thermodiffusion auf Partikel anderes Materials, so beeinflussen diese Fremdkörper das Verhalten der Ladungsträger.

Zum anderen werden Materialien für den Sensor bevorzugt, welche einen besonders hohen Seebeckkoeffizienten α aufweisen. Denn je höher dieser Quotient ist, desto stärker ist die Thermodiffusion ausgeprägt. Dieses relativiert sonstige Effekte, welche aufgrund der Verunreinigungen auftreten können. Außerdem können Messfehler minimiert werden, da sich nun

U_α eindeutiger bei einem Wärmestrom ändert. Auf weitere Effekte, welche mit der Verstärkung dieser Spannung zu tun haben, wird in 5.1 weiter eingegangen.

Des Weiteren spielt hier die Wärmeleitfähigkeit λ eine bedeutende Rolle. λ gibt dabei an, wie schnell sich Wärmeenergie in einem System ausbreiten kann [5]. Bei der Messung von U_α ist es aber unabdingbar, dass das Temperaturgefälle möglichst erhalten bleibt. Ist so λ zu groß, breitet sich die Wärmeenergie im Sensormaterial zu schnell aus. Wartet man einige Zeit, würde sich die gesamte Wärmeenergie gleichmäßig im Sensormaterial verteilen, U_α wäre nicht mehr nachweisbar. So sind Materialien mit einer möglichst geringen Wärmeleitfähigkeit λ zu wählen, um diesen Effekt vorzubeugen.

Die Wärmeleitfähigkeit vom Absorber dagegen sollte möglichst hoch sein, um die durch die eingefallene thermische Strahlung absorbierte Wärmeenergie möglichst schnell an das Sensorelement weitergeben zu können.

4.2 geeignete Materialien

Die in Frage kommenden Materialien lassen sich generell in zwei Gruppen aufteilen: In die Metalle, sowie in den Halbleitern.

Metallatome sind meist in einer Gitterstruktur aufgebaut, wobei sich auch die Leitungselektronen als Elektronengas gleichmäßig um die positiven Atomkerne legen [4]. Erhöht sich die Temperatur in dem Leiter, schwingen die Elektronen in der Elektronenwolke mehr. Es kommt zu Stößen mit dem Metallgitter, wodurch sich das Material physikalisch schwerer beschreiben lässt. Außerdem ist λ bei Metallen sehr hoch. So kann nur bedingt eine Thermodiffusion stattfinden. Ferner beträgt α nur ein Hundertstel von dem der Halbleiter [9]. Metalle eignen sich daher eher nicht als Sensormaterial.

Silizium dagegen verfügt über einen anderen atomaren Aufbau. Hier können die Elektronen über Elektronenpaarbindungen fließen.

Zuerst wird ein homogenes, sich unendlich ausdehnendes und undotiertes Siliziumkristallgitter betrachtet. Des Weiteren werden Temperaturen betrachtet, bei denen sich der Halbleiter in der so genannten Störleitung befindet (ca. 250K – 700K). Die Fermi-Dirac-Statistik besagt, dass die Wahrscheinlichkeit dafür, dass Elektronen höhere Energieniveaus annehmen, größer ist, wenn die Temperatur ebenfalls höher ist [13]. Hierbei wird zwischen dem Valenzband und dem Leitungsband unterschieden, wobei Elektronen erst beim energiereicheren Leitungsband elektrische Ladung transportieren können. Die Differenz aus der Energie des Leitungsbandes und des Valenzbandes nennt man Band-Gap; damit dieser Band-Gap überwunden wird, muss die Fermienergie E_F aufgewendet werden. Bei steigender

Temperatur steigt so auch die Konzentration der Elektronen im Leitungsband: Der Halbleiter wird leitfähiger [13].

Wenn man den Halbleiter mit Phosphoratomen dotiert, existiert schon bei einer geringern Temperatur bereits eine gewisse Leitfähigkeit, da von den fünf Valenzelektronen des Phosphoratoms lediglich vier für die Elektronenpaarbindungen zu den benachbarte Siliziumatomen benötigt werden; das Fünfte dagegen ist nur sehr schwach am Phosphoratomkern gebunden [13]. Somit steigt die Leitfähigkeit bei erhöhter Temperatur beim dotierten Halbleiter wesentlich schneller an, als beim Undotierten. Dies hat einen größeren Wert für α zur Folge.

Aus diesen Gründen eignet sich besonders dotiertes Silizium als Sensormaterial. Es lässt sich heutzutage technisch hoch rein herstellen; Störquellen wie zum Beispiel Verunreinigungen gibt es im Vergleich zum Metall weniger. Dotiert man den Halbleiter, so wird das Material noch empfindlicher, da nun durch die Dotierung Ladungsträger hinzugefügt wurden, die sich unter einen wesentlich geringeren Energieaufwand ins Leitungsband befördern lassen. Zudem ist λ bei Silizium geringer als bei Metallen, sodass U_α länger aufrecht erhalten werden kann. Außerdem liegt der Seebeck-Koeffizient α bei Halbleitern wesentlich höher. So ergibt sich bei dotierten Halbleiten aus einer Temperaturdifferenz von 100K eine Thermospannung U_α, die um ein Hundertfaches höher ist, als bei Metallen (ca. 1mV im Vergleich zu 100 mV) [9].

Auf der Suche nach einem geeigneten Bauelement bietet sich das Peltierelement an. Es besitzt eine große Oberfläche, wodurch es sich gut zur Messung der Bestrahlungsstärke I_{gl} eignet. Peltierelemente werden eigentlich zur punktuellen Kühlung oder Erwärmung eingesetzt. In diesem Projekt wird das Peltierelement umgekehrt benutzt: Während die eine Seite auf einer konstanten Temperatur gehalten wird, bescheint die Strahlungsquelle die andere mit einer schwarzen Wärmeleitfolie als Absorber versehenden Seite.

5. Konstruktion des Sensorsystems

Aufgrund der Komplexität des gesamten Sensorsystems wurden die Schaltungen in drei Module aufgeteilt: Das Erfassungsmodul, dem Verarbeitungsmodul, sowie dem Steuerungsmodul.

5.1 Erfassungsmodul

Das Erfassungsmodul beinhaltet die wesentlichen Bauelemente, welche zur Messung der Bestrahlungsstärke I_{gl} notwendig sind. In diesem Modul wird die Seebeckspannung U_α aufgenommen und anschließend verstärkt.

Als Grundlage der Schaltung diente ein Projekt von Jürgen Putzger. In seinem Projekt ging es darum, ein kalorimetrisches Laserleistungsmessgerät zu konstruieren [10]. Hauptbestandteil der Schaltung ist ein chopperstabilisierender Operationsverstärker. Da U_α sehr gering ist und sich bei den meisten Messungen im zweistelligen Millivoltbereich bewegt, ist ein spezieller Operationsverstärker von Nöten, der über eine möglichst geringe Offsetspannung verfügt. Die Offsetspannung ist ein produktionsbedingtes Elektronenpotential, welches mit verstärkt wird. Es verhält sich wie eine dem nicht invertierenden Eingang nachgeschaltete Spannungsquelle, welche im Normalfall eine Spannung von einigen Millivolt aufweist [7]. U_α ist im Normalfall nicht wesentlich größer als die Offsetspannung eines normalen Operationsverstärkers. Um diesen Störfaktor beseitigen zu können, wird ein Operationsverstärker eingesetzt, in dem zusätzliche Schaltungen dafür sorgen, dass die Offsetspannung automatisch herausgefiltert wird.

Hierbei fungiert ein weiterer Operationsverstärker zum Nullabgleich, welcher in zwei Phasen arbeitet: In der ersten Phase A sind die Schalter ΦA geschlossen, während die Schalter ΦB geöffnet sind. Hierdurch werden die beiden Eingänge des Nullabgleichverstärkers A_A kurzgeschlossen, sodass lediglich die Offsetspannung V_{OSA} gemessen wird. Diese gemessene Spannung wird anschließend im Kondensator C_{M1} gespeichert, welcher über eine Verbindung mit dem Nullabgleich V_{NA} des Operationsverstärkers A_A verbunden ist. Spannungen, welche an diesem Trimmeingang V_{NA} anlegen, werden von der gesamten Eigenspannung subtrahiert. Somit ist die Offsetspannung von A_A nahezu vollständig kompensiert [7]. In der Phase B wird ein Nullabgleich des Hauptverstärkers A_B durchgeführt. Die Schalter sind nun invertiert: ΦA ist geöffnete, während ΦB geschlossen ist. Die Offsetspannung von A_B wird nun in Kondensator C_{M2} gespeichert und dem Trimmeingang V_{NB} zugeführt [7].

Bei diesem Prinzip wird der Nullabgleich rund 100-1000 mal in der Sekunde durchgeführt [7]. Dies ist deshalb notwendig, da sich die Offsetspannung aufgrund vieler Faktoren keineswegs immer konstant bleibt [14]. So ist sie unter anderem abhängig von der Temperatur [14]. Da diese nicht immer konstant bleibt (Der IC befindet sich nur wenige Zentimeter von dem Sensorelement entfernt), muss der Offsetabgleich ständig neu erfolgen.

Neben der geringen Offsetspannung, welche bei dem verwendeten Verstärker bei lediglich einen µV liegt [14], haben solche Operationsverstärker noch weitere Vorteile: Die Offsetspannung ist bei herkömmlichen Operationsverstärkern frequenzabhänig. Dabei steigt sie exponentiell reziprok zur Frequenz an [7]. Da das Peltierelement aber eine Gleichspannung liefert, liegt die Frequenz bei 0 Hz. Somit wäre die Offsetspannung maximal. Chopperstabilisierende Operationsverstärker dagegen behandeln dieses Rauschen als eine Art

Offsetspannung und kompensieren Diese so [7]. Somit sind sie optimal für Gleichstromverstärkungen geeignet.

Der Operationsverstärker wird in dieser Schaltung als nicht invertierender Verstärker betrieben, mit dessen Hilfe sich der Verstärkungsfaktor V_0 einstellen lässt. Hierbei wird das Prinzip des Spannungsteilers verwendet: Die Ausgangsspannung wird durch die zwei Widerstände R1 und R2 nach den Regeln des unbelasteten Spannungsteiler[1] geteilt. Die Spannung, die zwischen den beiden Widerständen entsteht, wird in den invertierenden Eingang des Operationsverstäkers zurückgeführt. Bei dieser Gegenkopplung wird so ein Teil der verstärkten Spannung zurückgeführt [18]. Da der Operationsverstärker lediglich die Differenz der Spannung zwischen dem invertierenden und dem nichtinvertierendem Eingang misst, lässt sich der Verstärkungsfaktor V_0 folgendermaßen berechnen: $V_0 = (R1 + R2)/R1 = 1 + R2/R1$ [18]. Es lassen sich so bei den verwendeten Widerstandswerten Verstärkungen ab V_0=1,01 erzielen. Die restlichen Bauelemente sind zwei Kondensatoren, welche den Strom für die symmetrische Spannungsversorgung[2] glätten.

5.2 Verarbeitungsmodul

Die von dem Erfassungsmodul aufgenommene Spannung U_α wird nun in diesem Modul eingelesen und verarbeitet.

Hauptbestandteil dieses Moduls ist das Mikrocontrollerboard Arduino. Dieser dient auch zum Einlesen und Weitergeben der verstärkten Spannung. Er verfügt über einen integrierten Analog-Digital-Wandler mit sechs Kanälen [21] und mit einer Auflösung von 10 Bit. Damit lassen sich 1024 verschiedene Zustände zwischen GND und der Referenzspannung U_{ref} einlesen. Somit ist die Messung umso genauer, je kleiner U_{ref} ist. Da die Seebeckspannung aber bereits im Erfassungsmodul verstärkt wird und nach [7] die Verstärkung umso genauer ist, je höher V_o ist, ist U_{ref} mit der Versorgungsspannung V_{cc}= +5V beschaltet. Sie kann allerdings optional mit Hilfe von R6 variiert werden.

Nun arbeitet aber nicht jeder Analog-Digital-Wandler vollkommen genau. So wird die Messung unter anderem durch die restlichen Schaltungen im integrierten Schaltkreis beeinflusst, oder die Schwelle zum nächsten Wert ist nicht immer gleich groß [21]. Um diese Ungenauigkeiten zu umgehen, macht man sich die Tatsache zu Nutzen, dass es sich bei diesem Störfaktor um ein weitgehend weißes Rauschen handelt. So schwankt die Störung gleichmäßig um den richtigen Wert. Damit das Rauschen kompensiert wird, wird die Messung mehrfach wie-

---

[1] Man nimmt so an, dass der Eingangswiderstand des Operationsverstärkers unendlich hoch ist, sodass der Spannungsteiler unbelastet ist.
[2] Die symmetrische Stromversorgung wird in 5.3 weiter erläutert

derholt und anschließend durch die Anzahl der Messungen geteilt, sodass man einen Mittelwert erhält.

Nun liegt die Spannung als maximal vier Byte große Variabel im RAM des Mikrocontrollers. Diese wird nun an den PC übergeben. Die Variabel, welche vom Analog-Digital-Wandler erzeugt wurde, wird nun durch einem Code in folgender Form übermittelt: #0000% bis #1023%. Durch das Anfangs- und das Endbyte kann eine in C# programmierte Software überprüfen, ob das Datenpaket erfolgreich übertragen wurde. Die Software wartet so ein Datenpaket ab und ermittelt daraus über die eingegebenen Parameter (Verstärkungsfaktor, Referenzspannung, Proportionalitätsfaktor η und η_0, sowie den Flächeninhalt der Absorberfläche) die aktuell einfallende Bestrahlungsstärke I_{gl}.

Des Weiteren ist die Software mit einem Timer ausgestattet, sodass sich auch die thermische Leistung über einen gewissen Zeitraum und damit die aufgenommene Wärmeenergie des Absorbers angezeigt werden kann. Die Ausgabe erfolgt hierbei als Echtzeitdiagramm, welches I_{gl} im Bezug auf die Zeit darstellt. Diese Daten werden ebenfalls als Text ausgegeben; eine schnelle Bearbeitung in einem Tabellenkalkulationsprogramm ist so möglich.

5.3 Steuerungsmodul

Das letzte der drei Module dient zur Generierung der Versorgungsspannungen.

Der Operationsverstärker benötigt eine symmetrische Stromversorgung [14]. Um die negative Spannung von -5V erzeugen zu können, sind zwei Stromquellen von Nöten, sofern sich alle Bauelemente auf dieselbe Masse beziehen sollen [19]. Hierbei wird das Prinzip der virtuellen Masse angewandt: Zwei Stromquellen werden in Reihe geschaltet; als Masse wird das Elektronenpotential zwischen den beiden Stromquellen definiert [19]. So wird aus einer Stromversorgung mit zwei 9V-Blockbatterien von insgesamt +18V eine symmetrische Stromversorgung von ±9V. Da an der Masse keine 0V, sondern in diesem Falle 9V anlegen, spricht man hierbei von einer virtuellen Masse [19]. Um die Spannung auf 5V zu transformieren, kommen Linearregler der 7X05-Reihe zum Einsatz. Es handelt sich hierbei um Konstantspannungsquellen: Unabhängig von der Eingangsspannung ist die Ausgangsspannung stets 5V. Die Kondensatoren C1-C10 dienen hierbei zur Stabilisierung der Spannung, die Dioden D1 und D2 verhindern eine falsche Polung und regeln den Stromfluss, sodass stets am negativen Linearregler eine negative Spannung anliegt.

6. Beurteilung und Verbesserung

Zum Schluss dieser Arbeit wird das entwickelte Sensorsystem hinsichtlich seiner Genauigkeit reflektiert.

6.1 Beurteilung des Sensorsystems

Den in der Theorie funktionierenden Konstruktionen sind in der Praxis oftmals den mannigfaltigsten Störfaktoren unterworfen. Da sich U_α im Normalfall nicht wesentlich größer als die Offsetspannung eines regulären Operationsverstärkers ist, kann selbige nennenswerte Messfehler verursachen. Sie beträgt beim ICL7650 aber lediglich einen µV [14], sodass keine nennenswerten Messfehler durch dieses Problem zu erwarten sind.Es ist aber nicht nur die Offsetspannung, die es hier zu minimieren gilt. Vor allem hat sich herausgestellt, dass sich ungewollte Wärmeströme nur sehr leicht unterbinden lassen. Experimente ergaben eine durchschnittliche Abweichung zum Sollwert von $\emptyset\Delta U_\alpha \approx \pm 18{,}5mV$. Dies ergibt umgerechnet eine durchschnittliche Abweichung von $\emptyset\Delta I_{gl} = (\emptyset\Delta U_\alpha * \eta)/A \approx \pm 1624{,}9 \; W/m^2$. Demnach könnte das Sensorsystem lediglich den Unterschied zwischen Tag und Nacht registrieren. Das Experiment hat aber auch gezeigt, dass diese Abweichung bei geringeren Bestrahlungsstärken ebenfalls geringer ist. So liegt die durchschnittliche Abweichung zum dem errechneten Wert bei einer Insolation von maximal 2000 W/m^2 bei lediglich ±30 W/m^2. Dadurch lässt sich eine relativ exakte Erfassung der Bestrahlungsstärke der Sonne realisieren, da die Insolation im Normalfall deutlich unter diesem Maximum liegt.

Weitere Messfehler könnte der Absorber verursachen. Dieser ist nämlich kein exakter Schwarzer Körper. Ruß zum Beispiel absorbiert etwa 96% der einkommenden elektromagnetischen Strahlung [10]. Da Ruß sich aber relativ leicht vom Peltierelement wieder entfernen lässt und es nicht matt genug ist, wird hier eine annähernd schwarze Wärmeleitfolie als Absorber verwendet. Sie verfügt über sehr gute Wärmeleiteigenschaften, sodass die Wärme möglichst schnell an das Peltierelement weitergegeben kann. Aber aufgrund der leicht gräulichen Farbe sind hier ebenfalls Messfehler zu erwarten.

Mit Hilfe eines weiteren Experiments wurde die Latenz der Messung von dem Sensorpeltierelement gemessen. Aufgrund der nötigen geringen Wärmeleitfähigkeit von Silizium, dem wesentlichen Bestandteil eines Peltierelementes, benötigt es einige Zeit, bis die Thermodiffusion vollständig stattgefunden hat. Vor allem bei einer sich ständig ändernden Strahlungsquelle können diese Latenzen Messfehler hervorrufen. So können kurzzeitige Veränderungen der Insolation zum Beispiel im Falle einer schnellen Bewölkung nicht exakt gemessen werden.

Ein weiteres Problem, welches zur ungenauen Messung führen kann, ist die mangelnde Auflösung des integrierten Analog-Digital-Wandlers im Arduino. Ist die Referenzspannung nicht immer konstant, werden die Messwerte falsch eingelesen, da diese sich auf unterschiedliche Maximalspannungen beziehen. Ferner ist die Auflösung auf 1024 verschiedene Zustände begrenzt.

Auf Praxistauglichkeit in der Dauermessung wurde das Sensorsystem bisher noch nicht getestet, da es sich momentan lediglich um einen Prototyp handelt. Da der Einsatz später sich überwiegend im Freien befinden wird, könnten so die elektronischen Bauelemente durch die Witterung beeinträchtigt werden.

6.2 Maßnahmen zur Verbesserung

Um die Messfehler, welche in 6.1 erläutert wurden zu minimieren, gibt es mehrere Maßnahmen.

Zum einem kann die Isolation verbessert werden, um einen ungewollten Wärmeaustausch zu verhindern. Besonders bei größeren Wärmeleistungen führt dieser Effekt zu starken Messfehlern. Hierbei eignen sich besonders Materialien mit einer geringen Wärmeleitfähigkeit.

Die weitreichendste Änderung ist aber das Hinzufügen eines Thermostates. Momentan wird das Sensorpeltierelement lediglich mit Hilfe eines Kühlkörpers sowie einem Lüfter auf (Raum)-Temperatur gehalten. Durch eine etwaige Thermostatschaltung kann so die Referenztemperatur des Sensors gezielt geregelt werden.

Es gibt verschiedene Arten zur Messung der Bestrahlungsstärke. So wird zum Beispiel zwischen der globalen, der diffusen und der direkten Bestrahlungsstärke unterschieden [1]. Aufsätze könnten auf dem Sensor aufgebracht werden, um diese speziellen Varianten der Insolation messen zu können.

Um die Auflösung des Sensors zu verbessern, könnte man die Schaltung um einen externen Analog-Digital-Wandler ergänzen. Wenn man U_{ref} dementsprechend noch konstanter hält, indem man zum Beispiel einen Low-Pass-Filter hinzufügt, der etwaige Wechselstromanteile herausfiltert, wird das Messergebnis immer genauer.

So lässt sich das Potential der erneuerbaren Energieressource Sonne besser einschätzen und solarthermische Anlagen optimal in Gebieten mit einer besonders hohen Bestrahlungsstärke platzieren.

7. Danksagung

Besonderen Dank möchte ich an dieser Stelle meinem Mitschüler Johannes Jeske aussprechen, der mich auf die Idee brachte, man könne ein Peltierelement in umgekehrter Weise benutzen und damit einen Temperaturunterschied messen, anstatt ihn aufzubauen. Des Weiteren bedanke ich mich bei meinem Seminarfachlehrer Werner Reithmeier, der mir im Rahmen dieser Arbeit mit Rat und Tat beiseite stand. Zu aller Letzt danke ich dem August-Wöhler-SIGNO Erfinderclub Soltau für die finanzielle Unterstützung dieses Projektes.

8. Literaturverzeichnis

[1]   BERGE O E 1993 Meßverfahren für Strahlungsenergie und –leistung. URL: http://www.school-scout.de/extracts/20214/20214.pdf?file=1, Abruf vom 3.4.2011

[2]   BOBRINSKI P; KRAKAU G; VOGEL A ^{12}2010 Physik für Ingenieure, Vieweg+Teubner, Wiesbaden

[3]   ERBRECHT R; FELSCH M; KÖNIG H; KRICKE W; PFEIL K M W; WINTER R; WÖRSTENFELD W 2008 Das große Tafelwerk interaktiv, cornelsen, Berlin

[4]   GOTTSTEIN G 2007 Physikalische Grundlagen der Materialkunde, Springer, Berlin Heidelberg:

[5]   HERR H 1994 Wärmelehre – Technische Physik Band 3, Europa-Lehrmittel, Haan-Gruiten

[6]   MALBERG H ^{4}2007 Meteorologie und Klimatologie – Eine Einführung, Springer, Berlin Heidelberg New York

[7]   NOLAN E 2000 Demystifying Auto-Zero Amplifiers – Part 1, Analog Dialogue 34-2(2000)

[8]   NOLAS G S; SHARP J; GOLDSMID H J 2001 Thermoelectrics – Basic Principles and New Materials Developments, Springer, Berlin Heidelberg

[9]   PELSTER R; PIEPER R; HÜTTL I 2005 Thermospannungen – viel genutzt und fast immer falsch erklärt!, u. A. Universität zu Köln, Institut für Physik und ihre Didaktik, Köln

[10] PUTZGER J 2007 Thermisches Laserleistungsmessgerät selbstgebaut, Laserfreaktreffen Regensburg 2007, URL: http://www.put-on.de/LPM/lpm.pdf, Abruf vom 20.3.2011

[11] PUTZGER J 2007 J.P. Laserleistungsmessgerät, Schaltplan nach URL: http://www.put-on.de/LPM/, Abruf vom 22.3.2011

[12] SCHALM S 2004 Sensortechnologie mit Vorsprung, Heraeus, Vulkan-Verlag, Essen

[13] SEEGER, K 1992 Halbleiterphysik – Eine Einführung Band 1, Friedrich Vieweg&Sohn, Braunschweig/Wiesbaden:

[14]   UNBEKANNT 2000 Chopper-Stabilized Op Amps, 19-0960 Rev2 1/00, Maxim Integrated Products, URL: http://pdfserv.maxim-ic.com/en/ds/ICL7650-ICL7650B.pdf, Abruf vom 4.4.2011

[15]   UNBEKANNT 2007 How to Drive Relays with Arduino, Schaltplan nach URL: http://www.arduino.cc/playground/uploads/Learning/relays.pdf, Abruf vom 13.3.2011

[16]   UNBEKANNT 2010 stufenlose 12-V-Lüftersteuerung mit ATMEL MEGA8, Schaltplan nach URL: http://www.amateurfunkbasteln.de/luefter/index.html, Abruf vom 3.4.2011

[17]   UNBEKANNT 2010 +5V-Powered, Multichannel RS-232 Drivers/Receivers +5V Powered, Multichannel RS-232 Drivers/Receivers, 19-4323; Rev 16; 7/10, Maxim Integrated Products, URL: http://datasheets.maxim-ic.com/en/ds/MAX220-MAX249.pdf, Abruf vom 3.4.2011

[18]   UNBEKANNT 2010 Nichtinvertierender Verstärker, Elektronik Kompendium, URL: http://www.elektronik-kompendium.de/sites/slt/0210151.htm, Abruf vom 4.4.2011

[19]   UNBEKANNT 2010 Virtual Ground Circuits, Tangentsoft, URL: http://tangentsoft.net/elec/vgrounds.html, Abruf vom 4.4.2011

[20]   UNBEKANNT 2011 Remote Sensing, NASA Earth Observatory URL: http://earthobservatory.nasa.gov/Features/RemoteSensing/remote_04.php, Abruf vom 20.3.2011

[21]   UNBEKANNT 2011 ATmega8 ATmega8L Datasheet, 2486Z-AVR-02/11, Atmel Corporation, URL: http://www.atmel.com/dyn/resources/prod_documents /doc2486.pdf, Abruf vom 6.3.2011

9 Abkürzungsverzeichnis

α Seebeck-Koeffizient, wird definiert als $\alpha := U_\alpha / \Delta T\ [V/K]$

U_α Thermospannung, hervorgerufen durch den Seebeck-Effekt

U_{ref} Referenzspannung für den Analog-Digital-Wandler $[V]$

λ Wärmeleitkoeffizient, wird definiert als $\lambda := (\dot{Q}\ \delta)/(A\Delta T)\ [W/(m\,K)]$

η Wikungsgrad der Thermodiffusion, wird definiert als $\alpha := P_{th}/U_\alpha\ [W/V]$

FAN   Steuerungssiganl für das Thermostat. Es stuert den Lüfter.

F_E elektrische Feldkraft, wird definiert als $\left|\vec{F_E}\right| := EQ\ [N/C\ C]$

GND   Masse der elektrischen Schaltung (in diesem Fall virtuelle Masse)

I_{gl} globale Bestrahlungsstärke, wird definiert als die Leistung einer Strahlungs- quelle auf einer bestimmten Fläche $E := P/A\ [W/m^2]$

$\emptyset \Delta I_{gl}$ zu erwartende Abweichung der Bestrahlungsstärke vom tatsächlichen Wert; wird definiert als

$$\emptyset \Delta I_{gl} = (\emptyset \Delta U_\alpha\ \eta)/A\ [\pm W/m^2]$$